地球的生命故事

中国古生物学家的发现之旅

总主编 戎嘉余

第 二 辑 璀 璨 远 古

# 琥 珀
## ——穿越时空的胶囊

王 博 罗慈航 许春鹏 黎家豪 著

江苏凤凰科学技术出版社 · 南京

**图书在版编目（CIP）数据**

琥珀 : 穿越时空的胶囊 / 王博等著.—南京 :
江苏凤凰科学技术出版社, 2024.9
（地球的生命故事 : 中国古生物学家的发现之旅.
第二辑, 璀璨远古）
ISBN 978-7-5713-4031-5

Ⅰ.①琥… Ⅱ.①王… Ⅲ.①古生物 – 普及读物
Ⅳ.①Q91-49

中国国家版本馆CIP数据核字(2024)第026322号

地球的生命故事——中国古生物学家的发现之旅
（第二辑　璀璨远古）

**琥珀——穿越时空的胶囊**

总　主　编　戎嘉余
著　　　者　王　博　罗慈航　许春鹏　黎家豪
责 任 编 辑　王　艳　钱馨平
助 理 编 辑　王　静
责任设计编辑　蒋佳佳
封 面 绘 制　谭　超
责 任 校 对　仲　敏
责 任 监 制　刘　钧

出 版 发 行　江苏凤凰科学技术出版社
出 版 社 地 址　南京市湖南路1号A楼，邮编：210009
编 读 信 箱　skkjzx@163.com
照　　　排　江苏凤凰制版有限公司
印　　　刷　盐城志坤印刷有限公司

开　　　本　718 mm × 1 000 mm　1/16
印　　　张　4
字　　　数　100 000
版　　　次　2024年9月第1版
印　　　次　2024年9月第1次印刷

标 准 书 号　ISBN 978-7-5713-4031-5
定　　　价　24.00元

图书如有印装质量问题，可随时向我社印务部调换。联系电话：（025）83657627。

序言

摆在读者面前的是一套由中国学者编撰、有关生命演化故事的科普小丛书。这套丛书是中国科学院南京地质古生物研究所的专家学者献给青少年的一份有关生命演化的科普启蒙礼物。

地球约有 46 亿年的历史，从生命起源开始，到今日地球拥有如此神奇、斑斓的生命世界，历时约 38 亿年。在漫长、壮阔的演化历史长河中，发生了许许多多、大大小小的生命演化事件，它们总是与局部性或全球性的海、陆环境大变化紧密相连。诸如 5 亿多年前发生的寒武纪生命大爆发，2 亿多年前二叠纪末最惨烈的生物大灭绝等反映生物类群的起源、辐射和灭绝及全球环境突变的事件，一直是既困扰又吸引科学家的谜题，也是青少年很感兴趣的问题。

我国拥有不同时期、种类繁多的化石资源，为世人所瞩目。20 世纪，我国地质学家和古生物学家不畏艰险，努力开拓，大量奠基性的研究为中国古生物事业的蓬勃发展做出了不可磨灭的贡献。在国家发展大好形势下，新一代地质学家和古生物学家用脚步丈量祖国大地，不忘经典，坚持创新，取得了一系列赢得国际古生物学界赞誉的优秀成果。

2020 年 7 月，中国科学院南京地质古生物研究所和凤凰出版传媒集团联手，成立了"凤凰·南古联合科学传播中心"。这个中心以南古所科研、科普与人才资源为依托，借助多种先进技术手段，致力于打造高品质古生物专业融合出版品牌。与此同时，希望通过合作，弘扬科学精神，宣传科学知识，能像"润物细无声"的春雨滋润渴求知识的中小学生的心田，把生命演化的更多信息传递给中小学生，期盼他们成长为热爱祖国、热爱科学、理解生命、自强自立、健康快乐的好少年。

这套丛书，是在《化石密语》（中国科学院南京地质古生物研究所 70 周年系列图书，江苏凤凰科学技术出版社出版，2021 年）的基础上，很多作者做了精心的改编，随后又特邀一批年轻的古生物学者对更多门类展开全新的创作。本套丛书包括八辑：神秘远古，璀璨远古，繁盛远古，奇幻远古，兴衰远古，绿意远古，穿越远古，探索远古。每辑由四册组成，由 30 余位专家学者撰写而成。

　　这个作者群体，由中、青年学者担当，他们在专业研究上个个是好手，但在科普创作上却都是新手。他们有热情、有恒心，为写好所承担的部分，使出浑身解数，全力协作参与。不过，在宣传较为枯燥的生命演化故事时，做到既通俗易懂、引人入胜，又科学精准、严谨而不出格，还要集科学性、可读性和趣味性于一身，实非一件"驾轻就熟"的易事。因此，受知识和能力所限，本套丛书的写作和出版定有不周、不足和失误之处，衷心期盼读者提出宝贵的意见和建议。

　　为展现野外考察和室内探索工作，很多作者首次录制科普视频。讲好化石故事、还原演化历程，是大家的心愿。翻阅本套丛书的读者，还可以扫码观看视频，跟随这些热爱生活、热爱科学、热爱真理的专家学者一道，开启这场神奇的远古探险，体验古生物学者的探索历程，领略科学发现的神奇魅力，理解生命演化的历程与真谛。

　　这套崭新的融媒体科普读物的编写出版，自始至终得到了中国科学院南京地质古生物研究所的领导和同仁的支持与帮助，国内众多权威古生物学家参与审稿并提出宝贵的修改建议，江苏凤凰科学技术出版社的编辑团队花费了极大的精力和心血。谨此，特致以诚挚的谢意！

中国科学院院士
中国科学院南京地质古生物研究所研究员
2022 年 10 月

# 目 录

图 1-1　内含蚜虫集群的抚顺琥珀

# 1. 琥珀的形成和分布

琥珀的形成

　　琥珀（图 1-1），一种独特的化石，一般由松柏科、南洋杉科等植物分泌的树脂掩埋在地下数千万年，在高温高压的条件下，经过大分子聚合作用而形成。其元素的组成和树脂类似，主要是碳、氧和氢，被点燃之后会剧烈燃烧，所以在古代琥珀也被当作一种助燃剂。在我国古代，琥珀曾被认为是老虎死后的精魄入地化为石而形成的，故也称为"虎魄"。

　　很多树木都能分泌树脂，比如日常生活中常见的桃树和松树，但并不是所有树木的树脂最终都能变成琥珀。不同树木分泌的树脂成分各有差异，只有本身的理化性质足够稳定、能够抵御环境侵蚀的树脂，才有可能经历数千万年的时光成为琥珀。可即使是合适的树木分泌的树脂，也要经过环境的重重考验才能成为琥珀。树木分泌的树脂接触空气会慢慢变硬,缓慢地发生氧化作用,被大自然降解。所以无氧的环境对琥珀的形成至关重要。大多数琥珀都被掩埋于湖底或者沼泽中,在经历漫长的地质变化之后就保存在沉积岩或者煤层中(图1-2)。另外,很大一部分树脂会在变成化石的过程中不可避免地被降解。只有树脂数量足够多,最终才能形成有一定规模的琥珀矿,而这就需要有一大片远古森林,在相当长的时期内源源不断地分泌出有形成琥珀潜力的树脂。

图1-2 保存在煤层中的琥珀

总的来说,琥珀的形成一般有三个阶段。第一阶段是树脂从树上分泌出来;第二阶段是树脂被埋入沉积物中,并发生了化石化作用,树脂的成分、结构和特征都发生了明显的变化；第三阶段是化石化的树脂被冲刷、搬运和再沉积（图1-3）。

由于形成的条件非常苛刻，所以琥珀就显得格外珍贵。目前已知最早的琥珀来自美国伊利诺伊州，距今约3.2亿年。但此后很长的一段时期内，关于琥珀的记录都非常罕见。最早的有昆虫等内含物的琥珀来自意大利的三叠纪晚期（距今约2.3亿年），科学家在该琥珀里发现了非常微小（0.1~0.2毫米）的螨虫。一直到恐龙

图1-3　琥珀形成示意图

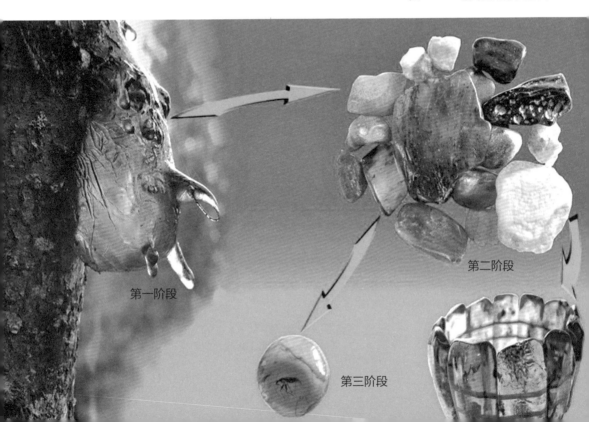

第一阶段

第二阶段

第三阶段

横行的白垩纪，具有大量内含物的琥珀才在世界范围内广泛出现，如著名的缅甸克钦琥珀（图1-4）、黎巴嫩琥珀等。在恐龙灭绝之后的哺乳动物和被子植物兴起的新生代，琥珀的分布更加广泛，其中最负盛名的琥珀产地为波罗的海沿岸国家和多米尼加共和国。我国也分布有一些琥珀产地，如辽宁的抚顺琥珀产地和福建的漳浦琥珀产地(图1-5)。图1-6展示的是围岩中的漳浦琥珀。

除了用作观赏，琥珀在古生物学研究中有着非常重要的作用。远古时期树木分泌的树脂有时会包裹一些动植物，比如昆虫、蜘蛛、青蛙、甲壳类动物、变形虫、花朵等。琥珀就像神奇的"胶囊"，封存了远古的生物，并穿梭时空将它们呈现在世人面前。这些琥珀内含物为古生物形态学研究提供了极好的标本，也为重建生物的演化历史、古生态习性以及古地理分布提供了重要证据。

图1-4　缅甸克钦琥珀（内含羽毛）

图 1-5 福建漳浦琥珀产地

图 1-6 围岩中的漳浦琥珀

## 区分真假琥珀的常用方法

因为琥珀具有很高的观赏价值和科研价值，所以价格相对昂贵，这就催生出很多仿制品。区分真假琥珀的常用方法有：（1）饱和食盐水悬浮鉴定，琥珀往往密度略低，会漂浮于饱和食盐水表面；（2）紫外线照射鉴定，琥珀在紫外线的照射下会发出蓝色的荧光；（3）有机溶剂溶解鉴定，琥珀是一种特殊的有机宝石，可溶于一些特殊的有机溶剂；（4）利用精密的科学仪器分析化学成分。

总而言之，真正的琥珀（图1-7）具有仿制品无法复现的独特物理和化学性质，研究人员一般利用专门的科学仪器来区分真假琥珀。

图1-7 真正的琥珀——漳浦琥珀原石

# 2. 中国的琥珀

　　在我国，人们对琥珀的喜爱由来已久。关于琥珀的文学作品浩如烟海，唐代大诗人韦应物就曾慨然咏道："曾为老茯神，本是寒松液。蚊蚋落其中，千年犹可觌。"我国的三星堆遗址、郑州商代遗址都曾出土过琥珀的配饰。从汉代开始，琥珀被越来越多地用于装饰、辟邪。在晚清时期，随着雕刻工艺的日趋成熟，上至商贾贵胄，下至平民百姓，对琥珀配饰的佩戴与使用更是达到了空前流行的局面。图 2-1 所示的是现代煤精雕刻品大象和抚顺琥珀项链。

　　我国虽然化石资源极其丰富，但琥珀资源却并非如此。目前已发现的产量较高的琥珀资源主要分布在河南西峡、辽宁抚顺以及福建漳浦。其中，抚顺琥珀和漳浦琥珀都含有大量的内含物，具有重要的科学价值。

图 2-1　煤精雕刻（大象）和抚顺琥珀项链

### ·抚顺琥珀

抚顺琥珀产自亚洲最大的露天煤矿——抚顺西露天矿（图 2-2）。约 5000 万年前，在辽宁抚顺这片土地上，气候冬温夏热，降水丰沛，森林茂密。当时这里广泛生长着松柏类植物，尤其是柏科的水杉。正是这样的自然条件，为日后抚顺琥珀的形成提供了至关重要的基础。这些松柏类植物的树脂不断地分泌、滴落，且日复一日地重复着，时不时有一些"不幸"的昆虫等生物被包裹在其中，动弹不得。随着地层逐渐沉积，这些树脂也随之被埋藏并保存了下来。

抚顺琥珀

图 2-2　抚顺西露天矿

　　抚顺琥珀产地的古地理位置极其关键。始新世早期，亚洲大陆主体与欧洲、北美、印度次大陆之间仍有海峡隔开，抚顺琥珀蕴藏了始新世时期亚洲大陆唯一的琥珀生物群。这为我们了解当时欧洲—亚洲—印度—北美生物分布格局提供了直接证据，进而为我们研究气候变化（如温室效应）和构造事件（如青藏高原隆升）对欧亚大陆生物演化的影响提供了重要线索。

今天，随着煤矿的开采，这些穿越时空的"胶囊"也相继暴露在世人的面前。但由于抚顺西露天矿已经关闭，寻找煤田中的天然琥珀已经几乎不可能。因此，抚顺琥珀更显得弥足珍贵。迄今为止，抚顺琥珀中已发现节肢动物，包括多足纲（如蜈蚣）、蛛形纲（如螨虫、蜱虫、蜘蛛、盲蛛等）以及种类最丰富的昆虫纲（如半翅目的蚜虫、直翅目的蟋蟀、蜚蠊目的蟑螂等），至少22个目，超过80个科150种，另有大量微体化石以及植物化石。图2-3、图2-4所示的是抚顺琥珀中具有代表性的昆虫——蟋蟀和蟑螂。抚顺琥珀中发现的极其丰富的节肢动物，以及大量植物、微体化石，使其成为世界上种类最丰富的琥珀生物群之一，同时填补了始新世时期亚洲大陆琥珀生物群的空白。这也表明5000万年前欧亚大陆两端已经存在广泛的生物交流，为研究这些动物的起源和辐射提供了重要证据。

与波罗的海琥珀和多米尼加琥珀相比，抚顺琥珀的颜色较深，流纹丰富，荧光反应呈绿色（图2-5）。抚顺琥珀也有不透明的品种，称为花珀。其原石直径一般小于10厘米，硬度高，非常适合雕刻加工，具有很高的经济价值和文化意义。抚顺琥珀目前已成为国家地理标志产品。

图 2-3　抚顺琥珀中代表昆虫——蟋蟀

图 2-4　抚顺琥珀中代表昆虫——蟑螂

图 2-5　不同类型的抚顺琥珀

### ·漳浦琥珀

漳浦琥珀产自福建东南沿海漳浦县佛昙群地层，漳浦琥珀的时代距今约 1500 万年。当时正值中新世中期气候适宜期，大气中二氧化碳的含量显著高于现今水平，全球年平均气温较现今高 3~7 ℃。这与目前预测的 2100 年的气候环境存在很大的相似性。因此，了解该适宜期的气候和生物群的变化过程，对预测全球变暖背景下未来气候和生物群的变化具有重要意义，可以帮助人类更高效地应对未来面临的环境危机。过去是了解未来环境变化的钥匙，而化石无疑是其中最重要的一把钥匙。尽管我们已经发现了许多中新世中期的化石类群，但对该时期热带生物群的了解仍旧非常有限。

漳浦琥珀的树脂来源于龙脑香科植物，它是现代亚洲热带雨林的主要树种之一。漳浦琥珀中含有大量的动植物化石。目前，漳浦琥珀中已发现节肢动物（包括昆虫）超过 250 个科，其中包括马陆、蜈蚣等多足纲和螨、蜱、蜘蛛、盲蛛、拟蝎等蛛形纲。漳浦琥珀中的昆虫最为丰富，包括至少 20 个目 200 个科。其中最常见的是双翅目，约占总数的 55%；其次为膜翅

漳浦琥珀

目，如各种蜂和蚂蚁（图2-6）；再次为鞘翅目（如甲虫）以及半翅目（如蚜虫、蝉、蜻）。此外，漳浦琥珀中还包含有大量羽毛、植物、腹足类动物和微生物化石（图2-7）。

　　基于已发现的动植物化石种类，漳浦琥珀生物群已成为世界上物种最丰富的新生代热带雨林化石库，也是

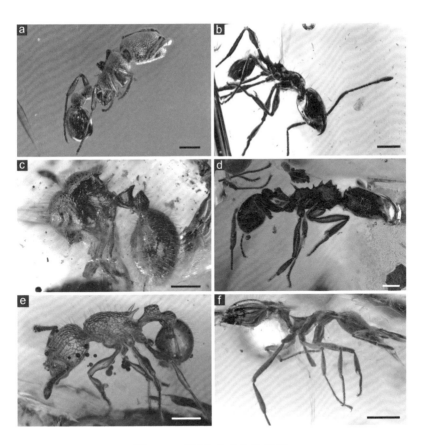

图2-6　漳浦琥珀中的蚂蚁

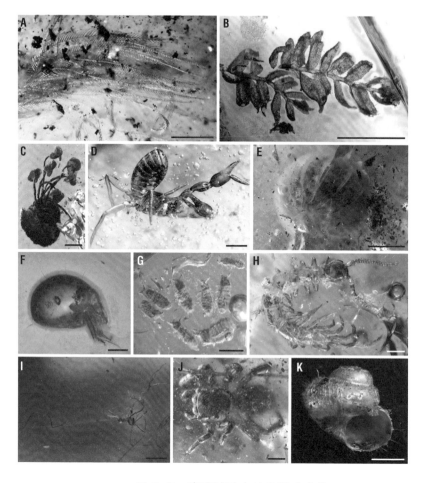

图 2-7　漳浦琥珀中的各种内含物

我国近百年来新发现的最丰富的琥珀生物群。从节肢动物多样性看，漳浦琥珀生物群以超过 250 个科的种类数量居于生物多样性第三位,低于缅甸克钦琥珀生物群( 白垩纪中期，约 1 亿年前，600 多个科 ) 和波罗的海琥珀生物群 ( 始新世时期，约 4800 万年前～3400 万年前，近 600 个科），但高于多米尼加琥珀生物群（中新世中期，约 2000 万年前~1500 万年前，约 200 个科）。与其他大部分琥珀不同，漳浦琥珀有精确的地质年龄和古气候数据，可以从中清晰地了解该琥珀生物群的环境背景。更重要的是，漳浦琥珀生物群也是最丰富的来自科研采集而非商业开采的琥珀生物群，保留了初始的古生态和埋藏学信息，为其他琥珀生物群的古生态恢复和埋藏学偏差矫正提供了珍贵的对比数据。

漳浦琥珀生物群含有大量典型的东南亚热带生物类群，如部分有花植物、苔藓、蜗牛、蜘蛛以及许多蚂蚁、蜜蜂、蟋蟀、甲虫等昆虫（图 2-8）。这些生物类群目前只分布于东南亚热带雨林地区（甚至大洋洲北部）。在中新世中期的温室效应背景下，漳浦地区冬季最低气温明显上升，减弱了冻死效应。这也可能是热带生物群向北迁移的最重要因素。热带生物群的"北伐运动"带来了大量入侵物种，并引起了当地生物链和气候条件的变化。这可能强烈影响了东亚原有的生物类群，进一步塑造了当今东亚地区的生物面貌。

漳浦琥珀生物群中绝大部分的节肢动物（特别是蚂蚁、蜜蜂、跳虫、蟋蟀、蚊类等）都是现生属（属是一

图 2-8　漳浦古生态复原图（杨定华　绘制）

个分类单元,一般包含一个或多个种。现生属是指当今还存在的物种归属于这个分类单元,灭绝属是指这个属的所有物种都已经灭绝),这为各类群的分子系统学研究提供了很好的化石校正点。现生属的大量出现,表明亚洲热带雨林生物群早在 1500 万年前就达到了现今的生态结构,显示了森林生态系统具有"点断平衡"(即新的物种是跳跃式出现的,新的物种一旦形成,在它存在的上百万年时间里不会出现显著变化,处于平衡状态,直到另一次物种形成事件突然发生)的演化特征,并支持了"热带雨林是生物多样性的博物馆"的观点。

漳浦琥珀及生物群的发现,极大地填补了我国世界顶级琥珀生物群的空白。

# 3. 缅甸琥珀

缅甸琥珀

　　缅甸很多地区都出产琥珀，其中最大的琥珀产地位于缅甸北部克钦邦的胡康盆地。此处产出的琥珀因此也被称为克钦琥珀。缅甸琥珀品质多样、硬度极高，因其绚丽的色彩而闻名，深受众多收藏家和爱好者的喜爱。根据其颜色，缅甸琥珀可以划分出诸多品种，其中以金珀、棕珀、血珀、翳珀、茶珀、根珀、金蓝珀、彩虹珀和缅甸蜜蜡最为闻名。

　　虽然缅甸琥珀形成年代久远，贸易历史悠久，但是相关的科学研究工作开展较晚，直到最近一个世纪才逐渐展开。产生缅甸琥珀的树种到目前为止还没有完全确定，但一般认为是裸子植物松科树木。缅甸琥珀形成于一片热带雨林生成的树脂。高大的松科琥珀树是该热带雨林中的主要树种之一。由于琥珀树能够从地面一直生长到热带雨林的树冠层，又有多个部位（如树干、枝条等）能分泌树脂，所以森林中的各类生物往往能被包裹住并保存下来。这为我们还原那个失落的远古森林提供了尽可能多的琥珀化石样本。

目前为止，缅甸琥珀中一共发现了超过 1500 种动植物，是世界上生物多样性最高的琥珀生物群之一。和其他产地的琥珀一样，缅甸琥珀中保存种类最多的就是节肢动物，还有其他较大型的陆生生物，如鸟类、蜥蜴、恐龙和蛙类等。此外，缅甸琥珀中更是发现了极其罕见的海洋生物化石——菊石（图 3-1）。

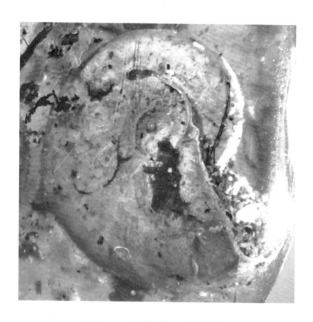

图 3-1　缅甸琥珀中的菊石

## 缅甸琥珀的分类

金珀：缅甸琥珀中最常见的品种，在自然光下呈金黄色、橘黄色等（图3-2）。

图3-2　缅甸琥珀中的金珀

血珀：在一定条件下由外而内发生氧化而形成的产物，在自然光下呈鲜红色、血红色、深红色、暗红色等颜色，其因鲜艳的色彩而受到众多收藏家的追捧。当氧化程度逐渐变高时，血珀的颜色逐渐加深。当珀体表面变得乌黑时，就形成了所谓的翳珀。

## 琥珀中的菊石

图 3-1 所示的是琥珀中保存优良的菊石。菊石属于海栖生物。琥珀中的菊石的软体都已经丢失，并且壳体有破损，表明这些壳体在被树脂包裹前经历了一定的搬运作用。菊石内部充填有细沙粒，而琥珀珀体也包裹了类似的沙粒，表明菊石可能在沙滩或靠近沙滩的位置被树脂包裹。因此，菊石在被包裹前已经死亡，并被海浪搬运到岸边，与一些沙粒混杂在一起。综合这枚琥珀菊石标本的分析结果，科学家推测形成缅甸琥珀的森林位于热带海滨地带，紧靠海滩；树脂分泌后，顺着树干流到地面后包裹了菊石动物。树脂很快被埋藏起来，经历复杂的地质作用后，最终形成了这枚琥珀。

　　缅甸琥珀中立体地保存了具有高度多样性的生物类群，蕴藏着大量珍贵的白垩纪的生态信息。

　　被子植物是当今最繁盛的植物类群，人类的大部分食物来自被子植物（开花植物）。化石记录显示，被子植物在白垩纪中期突然大量出现。甲虫是现今自然界中物种最丰富的昆虫类群，甲虫等昆虫的传粉行为是维持现今陆地生态系统和人类农业生产正常运转的基础。90％以上的被子植物通过昆虫进行传粉（虫媒传粉），从而促进基因流动，形成高度的多样性。因此，昆虫传粉被认为是白垩纪中期被子植物大爆发的一个关键因素。尽管白垩纪中期昆虫和被子植物的种类已经较为丰富，但该时期被子植物虫媒传粉的直接证据却一直缺失。缅甸琥珀中一个身体携带大量花粉的花蚤科甲虫为最早的被子植物虫媒传粉提供了直接证据（图3-3）。琥珀中花蚤的身体侧扁，并呈 C 形弯曲，后足极其发达且适于跳跃。该花蚤的体形非常适合在花冠上移动，从而高效地接触并携带花粉。此外，该花蚤口器的下颚须末节膨大，可用于收集和取食花粉颗粒。同时，这只花蚤的腹部、鞘翅和身体附近保存了至少62枚花粉颗粒。

图 3-3　缅甸琥珀中的甲虫传粉复原图（杨定华　绘制）

　　缅甸琥珀中已经发现了包括长翅目、脉翅目和双翅目在内至少 5 个科的长口器昆虫，这进一步证明白垩纪中期传粉昆虫的多样性和复杂性。

　　中生代存在一类特殊的长翅目昆虫——中生蝎蛉，它们具有特化（即生物在演化过程中，为适应某一特定环境而演化出的特殊形态与功能）的、明显伸长的口器，被认为是被子植物大爆发之前裸子植物的重要传粉者。图 3-4 所示的是缅甸琥珀中蝎蛉传粉复原图。在中生蝎蛉总科中，阿纽蝎蛉科是已知的第一个具有长口器的长翅目昆虫，其口器结构被认为与跳蚤同源。因此，阿纽

图 3-4　缅甸琥珀中的蝎蛉传粉复原图（杨定华　绘制）

蝎蛉科的口器对于我们了解长口器的起源和蚤目的起源具有重要意义。但已知的阿纽蝎蛉科昆虫标本都是基于二维的岩石印痕化石，其口器细节结构仍不清楚，并存在较大争议。缅甸琥珀中立体保存的阿纽蝎蛉科昆虫，为我们了解传粉和吸血昆虫的早期演化提供了证据。研究表明，阿纽蝎蛉科和中生蝎蛉总科的口器与跳蚤不同，因此这些蝎蛉都不是蚤目的姊妹群。

缅甸琥珀还揭秘了一亿年前介形虫的有性生殖行为。介形虫是一种具有双瓣壳的水生微型甲壳类生物，大小通常在 1 毫米左右。绝大多数介形虫化石只保存有钙化的壳，软体部分（附肢和身体等）通常难以保存下来。但这些软体结构往往能够提供许多重要的古生物行为学信息，如生殖行为。在缅甸琥珀中就发现了保存有软躯体的介形虫化石。该枚化石标本中发现了介形虫的巨型精子，其长度至少相当于介形虫体长的三分之一。对该化石的研究表明，与现代介形虫有性生殖相关的生殖器官（如抱握器、曾克氏器等）至少在白垩纪中期就已形成，其形态特征在一亿年间没有发生改变，同时也进一步表明介形虫这种利用巨型精子进行有性生殖的行为（图 3-5）在一亿年前就已存在，为生殖行为的演化停滞现象提供了一个重要实例。

图 3-5　缅甸琥珀中的介形虫交配复原图（杨定华　绘制）

缅甸琥珀中矿化的昆虫化石为我们揭示了琥珀化石形成的新机制。长期以来，琥珀中保存的化石被认为是木乃伊化的生物遗骸或中空的躯壳。这些内含物常能保存精美的生物结构，包括器官、组织和细胞，甚至能保存精细到纳米级别的微小结构。琥珀内含物被认为主要以碳的形式保存，尽管矿化作用在琥珀中曾有报道，但不少人认为这种情况相当罕见。而最新的研究则表明，矿化作用在缅甸琥珀中广泛存在。矿化的昆虫化石主要被方解石（钙化）、石英（硅化）等矿物充填，这些矿物替换了昆虫原来的身体结构。也就是说，虽然这些昆虫表面上看起来栩栩如生，但是实际上它们已经变成了矿石。图3-6所示的是被硅化的甲虫腹腔。

钙化和硅化昆虫在昆虫化石记录中都十分罕见，而缅甸琥珀提供了第一个明确的保存在树脂化石中的钙化和硅化昆虫的记录，且缅甸琥珀中广泛存在着这种特殊的现象。这种特殊现象是怎么形成的呢？树脂分泌出来并包裹昆虫之后，被搬运到近海或者湖泊水底，然后不断被泥沙等沉

图 3-6　硅化的甲虫腹腔

积物掩埋，在经历漫长的地质变化后，最终形成琥珀。在地下高温高压的环境中琥珀产生了很多肉眼看不到的裂隙，周围岩石中的矿物就通过这些裂隙接触到昆虫身体，并在虫体腐烂时慢慢替换昆虫原本的生物结构，从而形成矿化的昆虫化石（图 3-7）。

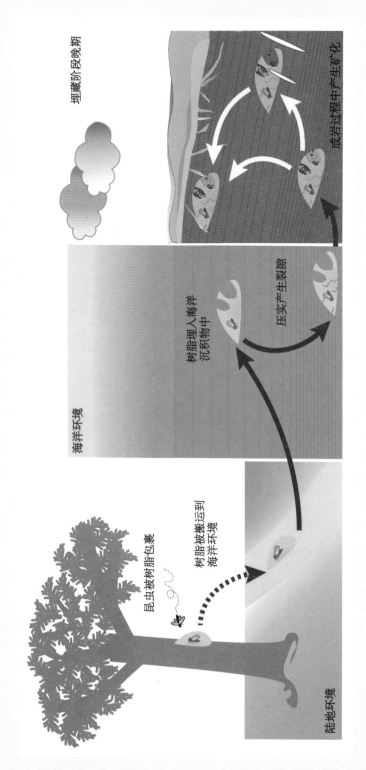

图 3-7　缅甸琥珀中昆虫矿化过程示意图（姜慧　绘制）

# 4. 琥珀里的昆虫世界

琥珀里的昆虫世界

　　在生命演化的滚滚历史长河中，所有生物都在为了物种的延续而使出浑身解数。在自然界中，生物想要更好地生存，高度发达的自我保护能力至关重要。它们在躲避强敌或者捕食猎物时，为了隐蔽自己往往各显神通，有的模仿周围环境，有的善于运用沙粒、植物碎屑来伪装自己，演化出了适合自己的生存方式与本领。

　　在诸多自我防御的生存策略中，比较常见的当属各种类型的拟态和伪装行为。在漫长的地质历史时期，如此高级并且发达的"伪装术"是如何演化而来的？这一谜题困惑了一代又一代的科学家。琥珀就像是一粒粒"时空胶囊"，穿梭时空将地质历史时期的生物呈现在世人面前，为我们了解史前生物的演化历史提供了一个全新的窗口。

## ·拟态

在生物学上，拟态指的是一种生物模拟另一种生物或模拟环境中的其他物体，从而获得不同好处的现象。这种好处可以是隐蔽自己以躲避天敌，也可以是隐蔽自己以捕食猎物。这种现象在许多动物的行为中很常见。从昆虫、鱼类、两栖类到植物甚至是真菌，都有记录显示这些生物已懂得使用拟态。作为生物界多样性最高的类群，昆虫更是演化出了令人眼花缭乱的各种拟态行为，其中最为常见的五类分别是瓦氏拟态、贝氏拟态、波氏拟态、缪氏拟态和集体拟态。除了对各种植物以及生存环境进行不同程度地拟态，昆虫对其他动物（主要是昆虫）的拟态同样广泛地存在于自然界中。

昆虫的拟态行为最早可以追溯到二叠纪，在中生代迎来了前所未有的大发展。化石记录表明，在中生代以拟态为目的的形态特化已经出现在昆虫身体的各个部位。例如，脉翅目成虫利用特化的翅膀结构拟态苏铁类和苔藓类植物；长翅目昆虫利用特化的翅膀拟态银杏类植物叶片；脉翅目幼虫利用扩展特化的腹板拟态苔藓和卷柏类植物；竹节虫和蝗虫利用其瘦长的身体形态拟态树枝；蚤蝼利用其膨大的中足、后足拟态苔藓或者卷柏类植物；奇翅目若虫利用其特化的身体结构拟态蚂蚁，演化出了拟蚁行为。拟蚁行为是一些动物从形态和行为上模拟蚂蚁的现象，属于一种特殊的拟态行为。

让我们穿越时空，来到一亿年前缅甸地区的热带雨林。一只草蛉幼虫正慢悠悠地爬行在布满苔藓的土地上，突然，一滴"松脂"滴落到了它的身上。就这样，它的身形被立体地保存在其中，经过埋藏、沉积以及石化作用，变成了一枚琥珀。一亿年后，这枚琥珀被幸运地发现，它苔藓一样的奇特样貌一下子就吸引了科学家们的眼球。它也因此被命名为拟苔草蛉（图4-1）。拟苔草蛉与目前已知的草蛉科的其他草蛉不同，其幼虫胸部及腹部前5节背板发育了8对扁阔的叶状结构，其外形非常类似于苔藓的植物体。此外，其头部相对退化并隐匿在前胸侧叶下，前端发育有一对极长且端部膨大的触角以及一对细长内弯的大颚，分别用来探测和捕食猎物。这类拟苔草蛉与几种叶苔类和卷柏类植物的形态有极大的相似性，包括个体大小、叶的形状和排列、叶的褶皱和纹路。科学家推断，这类"模仿大师"很可能拟态叶苔或卷柏类植物，利用这种伪装躲避捕食者，同时也迷惑猎物，提高捕食成功率。图4-2所示的是缅甸琥珀中的拟苔草蛉幼虫拟态苔藓。

图 4-1　拟苔草蛉复原图（杨定华　绘制）

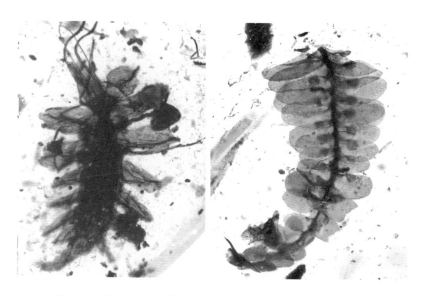

图 4-2　缅甸琥珀中的拟苔草蛉幼虫（左）与苔藓（右）

　　在缅甸琥珀中，还有另一类与拟苔草蛉相似的具有拟态植物行为的昆虫。这类体形极其微小的昆虫隶属于直翅目的蚤蝼，它们的跳跃能力极强，往往不为人所熟知。这类具有拟态行为的蚤蝼也展现了与同时期苔藓类和卷柏类植物叶片极高的相似性，因此被命名为拟叶蚤蝼。从形态上观察，拟叶蚤蝼中足腿节与胫节折叠后，与卷柏类植物的小叶极度相似；后足腿节异常膨大，与卷柏类等植物的叶片极其相似（图4-3）。经过度量，

图4-3　拟叶蚤蝼复原图（杨定华　绘制）

拟叶蚤蝼与卷柏类等植物在尺寸上也极为接近，更加证明了拟叶蚤蝼的拟态行为。

　　缅甸琥珀中还发现了世界上最古老的蚂蚁模仿者。目前已知有2000多种节肢动物存在拟蚁行为。由于研究者很难从化石中发现拟蚁行为的确切记录，所以我们对拟蚁行为的起源及其演化机制了解很少。缅甸琥珀中有一类极为特殊的奇翅若虫（指未成熟的个体，其体形小，没有翅膀或者翅膀发育不完整，生殖器官不成熟，无法交配产卵），其整体形态特征非常接近缅甸琥珀中的原始蚂蚁（蜂蚁类），且腹部有一定程度的收缩，类似蚂蚁的柄腹（图4-4）。此外，这类奇翅若虫的触角和腿部的形态、比例也非常接近蜂蚁，说明它们完美地拟态蜂蚁（图4-5）。这是目前发现的最古老的拟蚁行为，也说明拟蚁行为在蚂蚁起源不久就出现了。

　　同时，科学家发现，之前已经报道的一类奇翅成虫（指性成熟的个体）的胸腹部具有一定程度的收缩，类似蜂类的"细腰"。这类奇翅成虫缩短的前翅类似蜂类的翅基片，后翅的形态也非常接近蜂类的翅膀，尤其是身体的形状和大小非常接近缅甸琥珀中的长背泥蜂。这表明这类奇翅成虫很可能具有拟态蜂类的行为（图4-6），

图4-4 奇翅若虫复原图（杨定华 绘制）

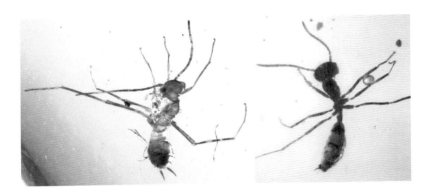

图4-5 缅甸琥珀中的奇翅若虫（左）拟态蜂蚁（右）

这也是目前化石中最古老的拟态蜂类行为的证据。更有
趣的是，这类奇翅虫的若虫和成虫分别拟态蚂蚁和蜂类。
该发现为转换拟态行为（即在不同生命阶段拟态不同的
对象）提供了目前唯一的化石证据。

图 4-6　缅甸琥珀中的奇翅成虫（左）拟态蜂类（右）

## 常见的拟态行为

最为常见的拟态行为包括瓦氏拟态、贝氏拟态、波氏拟态、缪氏拟态和集体拟态五类。

广义的瓦氏拟态指的是动物模拟生存环境的现象，如枯叶蝶和竹节虫（图4-7）等；狭义的瓦氏拟态特指寄生性生物对寄主的模拟，这类拟态常见于各类"蚁客"中，如鞘翅目蚁甲科中的很多种类会在形态上模仿，以达到生存在蚁巢中，骗取蚂蚁的食物或获得蚂蚁的庇护等目的。

贝氏拟态指的是一个无毒可食的物种在形态、体色和行为上模拟一个有毒不可食的物种，从而获得安全上的好处。例如，各种双翅目、鳞翅目昆虫常常在形态、体色上模拟攻击性较强的膜翅目昆虫，其中以胡蜂最为常见。

波氏拟态指的是有毒或有攻击性的昆虫模拟无害化生物的行为（如兰花螳螂），就像人们常说的"披着羊皮的狼"。

缪氏拟态指的是两种有毒、有攻击性的昆虫互相模仿，可以理解为强者之间的互相模仿，这样可以高效地降低两者被攻击的频率。

　　集体拟态是一类特殊的拟态，是昆虫集群后形成的集体拟态行为，而不是单个个体的拟态行为。最常见的例子就是半翅目的角蝉，它们通常在树枝上集群，以达到在形态上模拟有刺植物的目的。

图 4-7　竹节虫拟态树枝（李宇飞　摄）

## ·覆物伪装

覆物伪装是一种比较常见的防御机制，指的是生物主动利用环境中的各种材料，包括沙粒、土壤尘粒、各类植物碎屑等遮盖身体，以达到伪装效果的行为。覆物伪装不仅能够巧妙地减小身体与背景的差异（视觉伪装），也能掩盖身体的气味，为其提供了化学伪装。这和狙击手经常将杂草编织在身上是同一个道理。

覆物伪装是昆虫伪装术中最奇特、最复杂的一类，需要昆虫同时具有辨别、采集、携带材料的能力以及相关的形态学适应。覆物伪装常见于脉翅目（草蛉、蚁蛉、蝶角蛉、细蛉）、半翅目（猎蝽、蟾蝽）以及啮虫目等昆虫类群中。例如，蚁蛉幼虫就会运用这种神奇的伪装术，它们背上有一层特别的软毛，能分泌黏液方便"穿戴"伪装物。它们会把细沙、石子等背在背上，凭借这种能力，不但可以藏匿自己，避免被捕食者发现，同时还可以让猎物很难察觉自己，一举两得。

科学家们在缅甸、法国和黎巴嫩的琥珀中发现了一系列昆虫覆物伪装行为的化石记录。也正是由于琥珀的特异埋藏特性（即生物软组织还没来得及腐烂降解，就受到快速矿化作用，被保存为化石），这些昆虫的身体结构和覆物伪装行为才被记录了下来，以精细的立体结构形式展现给人们。

　　科学家对昆虫的伪装材料进行了成分分析，发现这些材料来源非常广泛。例如，一只草蛉幼虫背负两个小型昆虫躯体，可能是其取食后遗留的猎物，这种行为和几类现生草蛉幼虫类似，表明"披着羊皮的狼"的伪装术在距今一亿年前就已经出现了。大部分草蛉幼虫主要利用木质纤维和里白科蕨类植物的毛状体作为伪装物。半翅目的猎蝽和蟾蝽，伪装物主要为一些大小不等、形态各异的粗细沙粒、土壤颗粒以及植物碎屑。啮虫目幼虫的伪装物主要由各类砾石和土壤颗粒组成。

　　此外，这些昆虫还演化出了极其特异且现今未知的形态学特征，这些特征很可能与它们复杂的覆物伪装行为具有密切的联系。例如，草蛉幼虫身上具有许多特化的长刺，每根长刺上又排列一些小刺，用于盛装伪装物；与现生类群相似，它们可用大颚铲取伪装物，然后向后扬在背上。蚁蛉类的幼虫分别隶属于两个科（细蛉科和蝶角蛉科），它们的头部和背部具有一层软毛，适合黏附伪装物。它们利用前足跗节黏附伪装物，扬在头部和背上（图 4-8、图 4-9）。带伪装的猎蝽幼虫包括三个形态种类，它们身上有大量带钩硬毛，可以钩住伪装物；它们利用后足黏附伪装物，扬在头部、背以及腿上。蟾蜍幼虫身体扁平化，背部平坦且具有极其微小的刚毛，它们极有可能是利用背部的刚毛将碎屑物质粘在背上。科学家还在它们膨大化的前足上面发现有碎屑颗粒，由此推测它们可能正是利用前足将各类碎屑物质覆盖到身体背部。

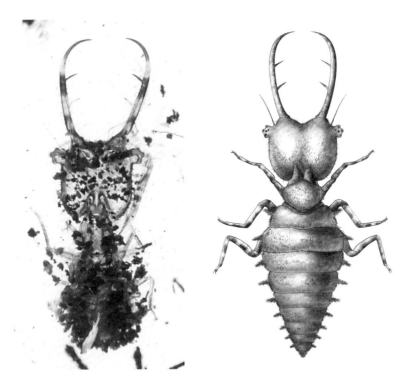

图 4-8　缅甸琥珀中蚁蛉类幼虫的覆物伪装（左）与复原图（右，杨定华　绘制）

　　由于化石记录不完整，这些昆虫还有很多谜团尚且不为人们所知。例如，对于它们是否可以像很多现生的覆物伪装昆虫那样分泌黏液来粘黏碎屑物质这一问题，还未有充足的证据加以定论。但不可否认的是，这些来自白垩纪的远古昆虫已经可以称为"伪装大师"。它们往往就地取材，将不同的碎屑物质覆盖到自己的身体上。这说明早在白垩纪它们就已经可以高效地利用周围环境中的不同材料来达到伪装自己的目的。根据对一些琥珀化石的研究可以得知，在被子植物大辐射之前，大部分具有覆物伪装行为的现生昆虫类群就已经演化出了覆物伪装这一复杂行为。

图 4-9　蚁蛉类幼虫覆物伪装生态复原图（杨定华　绘制）

## · "集体的分工协作"

除了隐蔽自己，还有的生物为了强化自己的生存本领，从"单打独斗"转向"集体的分工协作"，如常见的蚂蚁。

蚂蚁泛指昆虫纲膜翅目细腰亚目蚁总科的一类昆虫，它们出现于白垩纪。蚂蚁是现今地球上数量最多的昆虫，100只节肢动物中约90只是蚂蚁。蚂蚁在现代陆地生态系统中扮演了重要角色，是非常成功的社会性昆虫。

作为世界上演化最成功的动物之一，蚂蚁的起源和早期演化一直吸引着整个科学界的关注。由于化石证据匮乏，人类对蚂蚁早期形态和生态演化仍不甚了解。长期以来，学界普遍认为蚂蚁的早期形态和生态较为单一，直到进入新生代，才在生态和形态方面辐射演化。虽然分子、形态、生态学研究表明最早的蚂蚁很可能是一些独居的捕食类群，但却缺少相关的化石证据。

近几年，琥珀化石逐渐开始成为研究热点，各国学者从白垩纪琥珀中发现了一系列的原始蚂蚁（如驼蚁、魔蚁），极大地改变了我们对早期蚂蚁演化历史的认识。蚂蚁个体虽小，但数量较多，在从白垩纪至今的森林中都占据着相对稳定的生态位。它们通常围绕可以分泌树脂的树木生活，所以琥珀中常常可以发现蚂蚁的身影。目前发现的最早的蚂蚁化石记录，来自法国和缅甸白垩纪中期的琥珀。公认较原始的蚂蚁——蜂蚁亚科从蜂类演化而来，因而与蜂类具有很多共同的特征。除蜂蚁等较为原始的类群外，科学家们在白垩纪时期的琥珀中还发现了50余种蚂蚁，它们中只有和现生蚂蚁关系比较接近的几种类群一直延续到了现今，且繁衍出了多达万余种的庞大家族。我们将整个蚂蚁谱系分为已经灭绝的"干群（stem group）"和现生的"冠群（crown group）"。图4-10是科学家们整理出来的"蚂蚁族谱"。左侧是蚂蚁的演化图，其中深绿色背景表示黑帝斯蚁，浅绿色背景表示干群蚂蚁，紫色背景表示冠群蚂蚁。右侧是代表性蚂蚁的头部复原图（红色指示大颚结构）。

早期的部分蚂蚁继承了膜翅目祖先的凶猛特性，成为小型地表猎食者，它们的捕食行为直接被记录在琥珀化石之中。从其他生物来看，有一些特殊昆虫对早期蚂蚁进行拟态行为，以有利于自身的生存，这也说明了蚂蚁在生态位中占据了相对有利位置。拟蚁行为的最早记录是缅甸琥珀中的奇翅科昆虫（已灭绝）。这一行为在现今也有出现。有一些节肢动物会通过拟态蚂蚁来摆脱天敌，还有一些则通过拟态行为来接近和捕食蚂蚁。

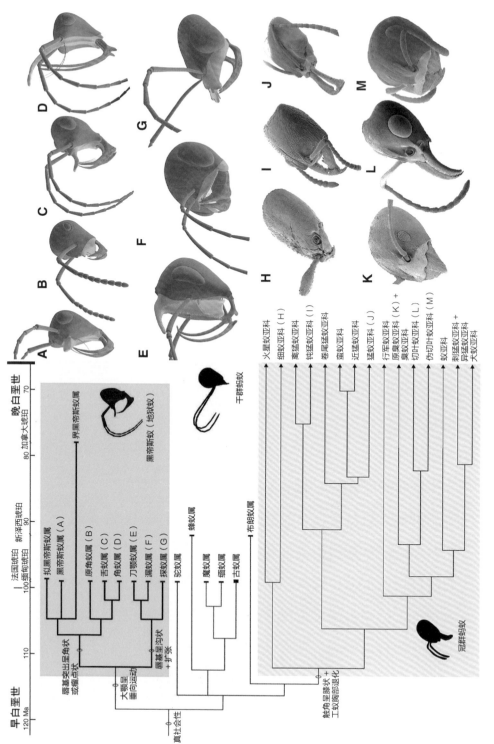

图 4-10 蚂蚁族谱

此前，中、法、美等国科研人员合作对法国和缅甸琥珀中的 2000 余枚蚂蚁标本进行系统调查，发现了生存在一亿年前的一类特殊的具有大颚的捕食性蚂蚁——黑帝斯蚁（图 4-11）。

图 4-11　黑帝斯蚁复原图（杨定华　绘制）

大多数黑帝斯蚁都拥有特殊的头部构造，如由唇基延伸出来的"独角"。这些拥有独角的蚂蚁被称为独角蚁（图 4-12）。通常情况下，它们还拥有一对特殊的大颚，刚好可以配合独角闭合收拢，进行特殊的猎食行为。在与猎物漫长的"斗智斗勇"过程中，它们的唇基逐渐加厚变得坚硬，并且长出了许多锋利的棘刺，用以配合大颚更加牢固地控制猎物。科学家们建立了"化石蚂蚁形态学数据库",并厘定了黑帝斯蚁类群的演化历史。他们通过对所有黑帝斯蚁头部进行形态解剖学分析,结合一枚特殊的捕食标本,最终确认了黑帝斯蚁特化的"陷阱—大颚"式捕食机制。

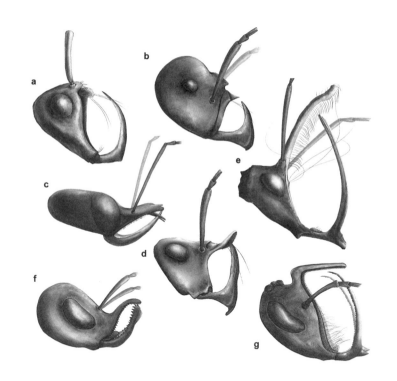

图 4-12　黑帝斯蚁(包括独角蚁)的头部素描图(杨定华　绘制)

以缅甸琥珀中一种名为"刀颚蚁"的特殊的独角蚁类群为例，它们的镰刀状大颚基部有一对齿状凸起，看起来非常凶猛（图4-13）。包括刀颚蚁在内的部分独角蚁演化出了纤细的感觉刚毛。它是一种头部的特殊感受器，一碰到猎物就能诱发神经反射以快速关闭大颚捕住猎物，能大大缩短捕猎的时间。

图 4-13 琥珀中的刀颚蚁

　　刀颚蚁是怎么捕食的呢？琥珀中的一个标本恰好定格了一亿年前刀颚蚁捕食奇翅目（已灭绝）幼虫的画面（图4-14），让我们能有机会认识这类体形微小的"杀戮机器"，并推断出它们独特的捕食方式。刀颚蚁通常通过视觉锁定猎物，并悄然接近；然后会尽可能张开大颚，猛然扑向猎物，将大颚如同叉车一般伸入猎物头腹交界处（这是刀颚蚁们理想的捕猎位置）；唇基上的刚

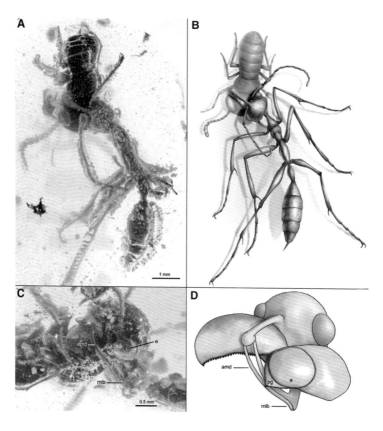

图4-14　刀颚蚁捕食及复原图

毛触碰到猎物身躯后，迅速发出指令，使大颚收拢夹紧，牢牢控制住猎物；最后通过口器吮吸猎物体内营养丰富的体液。

科学家们从化石蚂蚁形态学数据库中选取了 46 个灭绝和现生蚂蚁的代表类群进行系统发育分析。结果表明，黑帝斯蚁（包括独角蚁）形成了一个很好的单系类群，且可能是已知最原始的蚂蚁类群。所有黑帝斯蚁的角是同源的，但"延长的角"在黑帝斯蚁中独立演化了两次。在此基础上，科学家们又进一步选取了 112 个灭绝和现生蚂蚁的代表类群进行了科学分析。结果发现，黑帝斯蚁占据了一个独特的形态空间，与其他灭绝和现生蚂蚁类群明显不同，而且独角蚁的不同类群拥有差异巨大的头型（包括角和大颚），专门捕食不同的猎物。例如，一些黑帝斯蚁的角和大颚都很细长，可能主要通过伏击来捕猎体形较小且身体较软的猎物；而另一些黑帝斯蚁的角和大颚都粗壮有力，可能过着游猎生活，主要捕食一些体形较大且身体坚硬的猎物。独角蚁不同的捕食行为可能进一步驱动了该类群的辐射演化。

白垩纪与现生蚂蚁的形态空间分析（图 4-15）和一些分子学证据表明，黑帝斯蚁与现生蚂蚁走上了不同

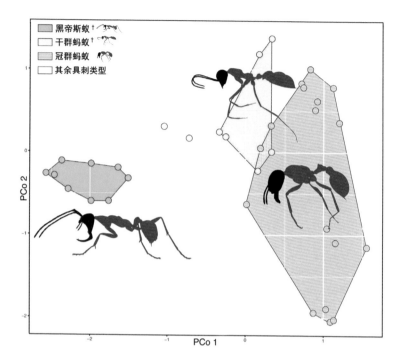

图 4-15 白垩纪与现生蚂蚁形态空间分析

的演化道路。虽然这一支特立独行的种族在白垩纪中期极尽繁盛，但在其后 2000 万 ~3000 万年却逐渐迎来灭绝，与一些同样原始的族群一起被更进步的现生蚂蚁类群取代。现生的蚂蚁家族没有一支与它们有直接的亲缘关系。

　　虽然黑帝斯蚁已经消逝在了白垩纪的滚滚尘烟中，但它们或许在蚁族的基因库中留下了一些隐藏的"礼物"。而现生蚂蚁中，又有一些打开了这份祖先的"遗产"，进化出了类似的头部构造进行捕猎。这一类蚂蚁被称为"陷阱颚蚂蚁"，如猎镰猛蚁、大齿猛蚁等。当然，我们也可以认为这是蚁族在面临类似的生存环境时选择的趋同进化。

高度特化的捕猎系统使得黑帝斯蚁可以独自捕猎生活，并不需要与同类有过多交流。现生蚂蚁的社交方式主要是靠触角的触碰，所以触角第一节都进化得修长。但是黑帝斯蚁的触角第一节很短，这可以证明它们社交需求不强，很可能是独来独往浪迹天涯的"独行侠"。成也萧何，败也萧何，单兵作战式的生活习性让它们在与团队合作的现生蚂蚁的竞争中不占优势，最终被现生蚂蚁类群所取代。

白垩纪的蚂蚁大多属于比较原始的类群，社会性也较为低级，可能没有复杂的分工体系。随着后来更加社会化的现生蚂蚁类群的出现和繁盛，早期的原始蚂蚁逐渐走向灭绝。无论是尝试集群走向社会化的种类，还是向着独立捕猎生活演化的种类，这些已经灭绝的"干群"蚂蚁们都为整个蚂蚁家族的繁荣做出了不朽贡献，它们是蚁族的敢死队，用各自的身躯去探寻不同的演化道路，即使一支又一支消失在了历史长河之中。

## 冠群与干群

冠群是指一个支系中所有现生成员的最近共同祖先，以及这个祖先的所有后裔。冠群的定义强调了现生生物类群，但也可以包含灭绝类群。

干群是指在冠群之外但又与该冠群有密切的系统发育关系，现已灭绝的生物类群。

图 4-16 所示的是冠群和干群的发育关系示意图。

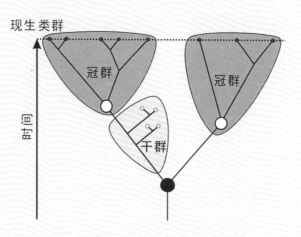

图 4-16 冠群和干群的发育关系示意图

# 5. 结语

　　琥珀立体地保存了古代昆虫、植物及其他生物，为我们了解远古世界打开了一个独特的窗口。这些远古时期遗留至今的"时空胶囊"，定格了历史长河中的一个个瞬间，并将它们栩栩如生地展现在我们面前，让我们得以通过研究来了解远古时期的生命形态，并组合出当时的整体生态环境。这些信息有助于我们了解现代生物的形成过程，也为保护现代生物多样性和生态环境提供了很好的借鉴。我们现在的科学技术只能解密琥珀中的少量信息，这些"时空胶囊"还隐藏着非常多的秘密等待我们去探索，因此我们要善待和保护这些琥珀资源。

科学家寄语

王博　　　　罗慈航　　　　许春鹏　　　　黎家豪

　　达尔文曾在《物种起源》中提到"地球上的地质记录就像是一部每页只有寥寥几行字的世界历史"，而化石记录的缺乏也是达尔文进化论的最大遗憾。化石就像是通往过去的钥匙，为人类探索地质历史时期的生物演化和地球面貌提供不可替代的信息。琥珀作为特异埋藏化石的一种，更是穿越时空的"胶囊"，将远古世界呈现在人们眼前。中国虽是化石资源大国，但对琥珀化石的研究还处于较为滞后的阶段。在中华大地上，一颗颗"时空胶囊"还在等待我们进一步去发掘和研究，它们也一定会为中国未来的古生物学研究添上浓墨重彩的一笔。